3-4歲

幼兒全方位
智能開發

中文篇 識字遊戲

園丁文化

看圖猜字

● 猜一猜，下面的圖畫分別代表什麼字？請選出正確的字寫在空格裏。

日　月　山

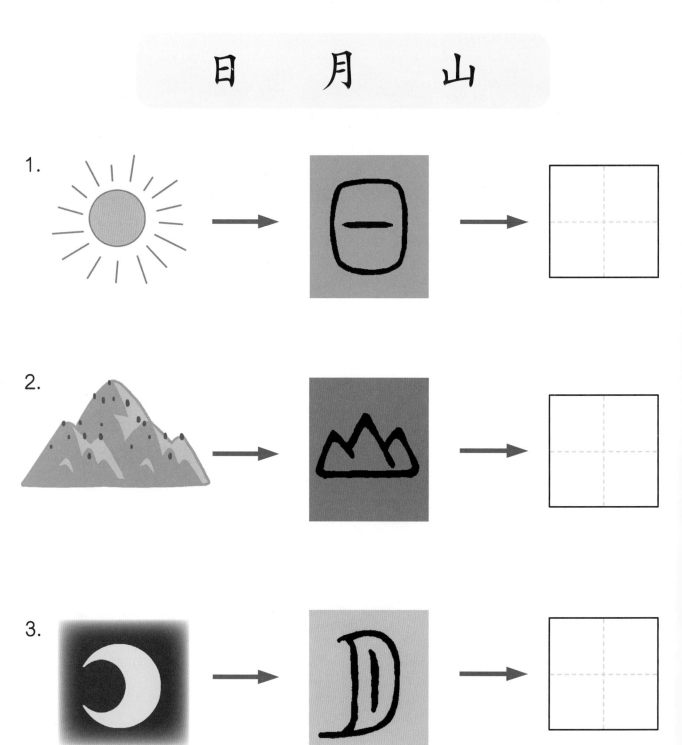

1.

2.

3.

答案：1. 日 2. 山 3. 月

2

走出字迷宮

● 小鳥想飛到樹上休息。請把有關「大自然」事物的字用線連起來，幫助小鳥找出正確的路線。

日	月	星	船
綠	牙	風	車
雲	雪	雨	紅
雷	舌	嘴	碗
天	地	海	書
棕	球	水	

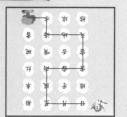

答案：

3

下面各組中都有一個字所代表的跟其他不同類，請把它填上顏色。

1. 天　地　日　月　車

2. 豬　竹　馬　貓　狗

3. 牛　紅　橙　黃　綠

4. 吃　喝　牙　哭　笑

字裏有字

● 這些摩天輪中間的字裏都藏着另一些字，試找找看，請把正確的字圈起來。

1.

2.

3.

4.

答案：1. 十、口、日 2. 月、十、日 3. 木、士、口 4. 十、士、木、世

5

部首識字

這些花朵的字上哪些是屬於「水」部（氵）？哪些是屬於「雨」部（雨）？請用線把這些字和對應的部首連起來。

答案：水部：泥、河、沙、湖；雨部：雷、雲、電、雪。

有趣的字

● 這些小鳥身上的字都是由兩個相同的部件組成的，請把組成該字的部件寫在小鳥叼着的白紙上。

1. 朋　月

2. 木　林

3. 昌

4. 羽

5. 炎

答案：1.月 2.木 3.日 4.習 5.火

● 猜一猜，下面的圖畫分別代表什麼字？請選出正確的字寫在空格裏。

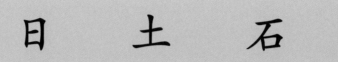

日　　土　　石

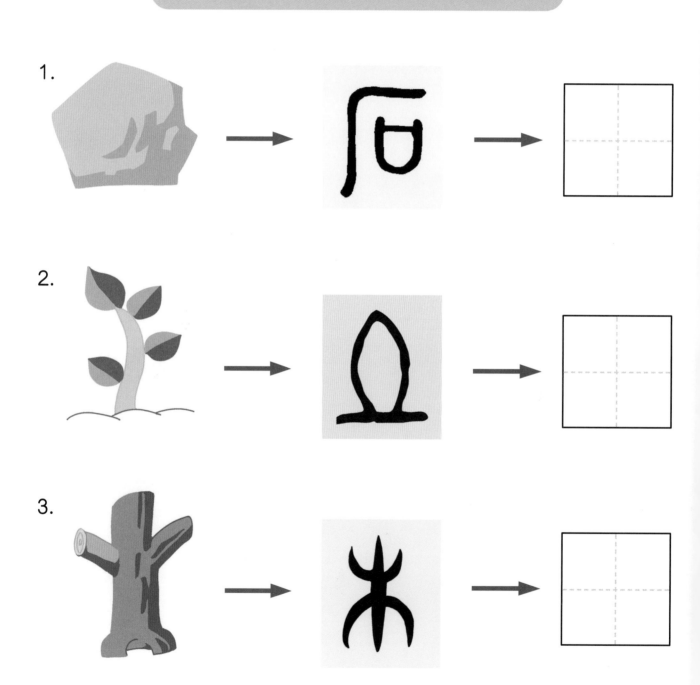

1.

2.

3.

答案：1. 石　2. 土　3. 木

8

走出字迷宮

● 小兔想吃紅蘿蔔。請把有關「動物」的字用線連起來，幫助小兔找出正確的路線。

鼠	牛	車	書
頭	虎	足	眼
手	兔	船	灰
蛇	龍	筆	燈
馬	雞	狗	豬
羊	猴	紙	

答案：

9

● 請在下面每架列車中找出和左邊第一個字所指事物同類的字，把它們圈起來。

1. 蛇　蛙　海　蟲　鼠

2. 藍　刀　青　紫　紅

3. 坐　站　狗　走　爬

4. 門　窗　吃　桌　椅

字裏有字

● 下面樹幹上的字裏都藏着另一些字，試找找看，請把正確的字填上顏色。

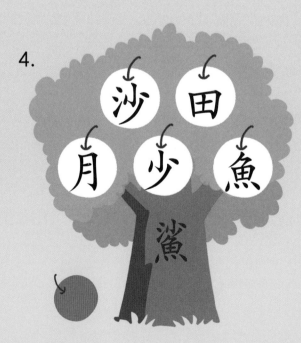

答案：1. 蟲、土　2. 馬、田、皿　3. 土、白　4. 田、少、魚

11

部件識字

● 下面花朵上的部件能拼成花盆上的哪個字？請用線把對應的部件和字連起來。

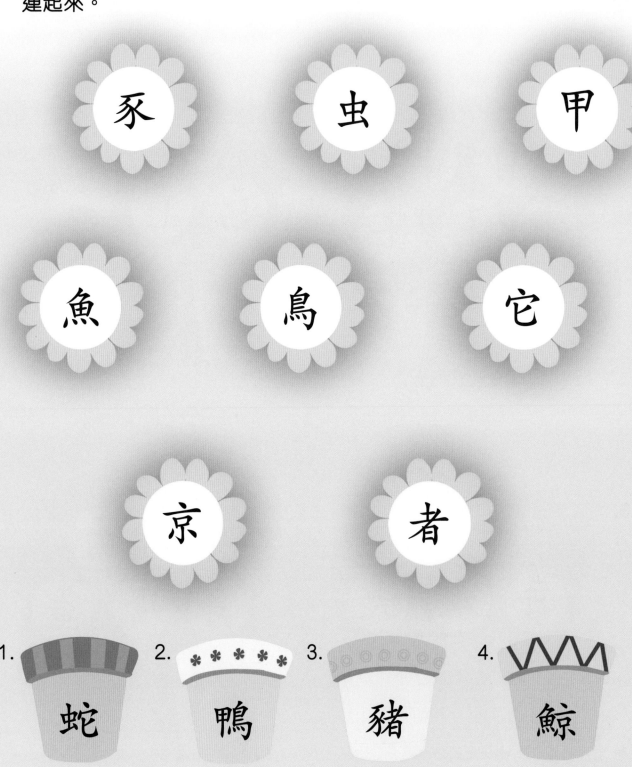

豕　　虫　　甲

魚　　鳥　　它

京　　者

1. 蛇　　2. 鴨　　3. 豬　　4. 鯨

有趣的字

● 這些小兔身上的字都是由三個相同的部件組成的，請把組成該字的部件寫在木牌上。

1. 日 晶

2. 石 磊

3. 森

4. 轟

5. 品

6. 聶

看圖猜字

做得好！　不錯啊！　仍需加油！

● 猜一猜，下面的圖畫分別代表什麼字？請選出正確的字寫在空格裏。

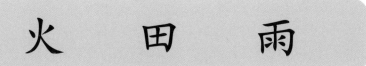

火　　田　　雨

1.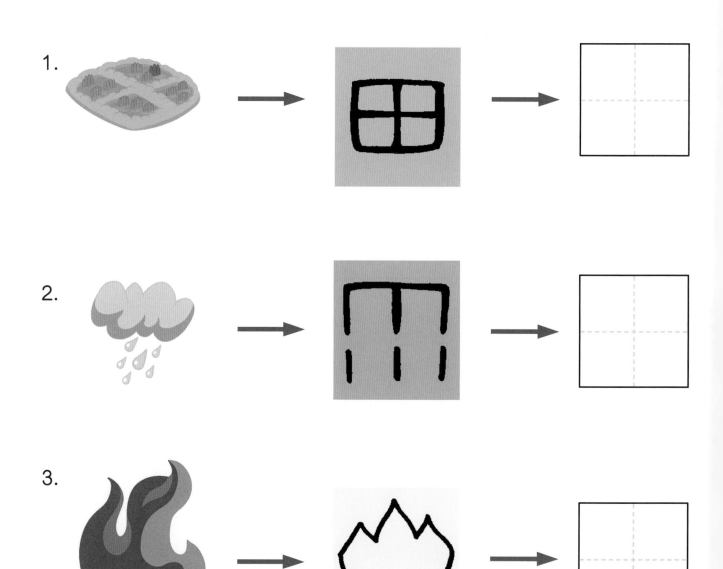

2.

3.

答案：1. 田 2. 雨 3. 火

走出字迷宮

● 毛毛蟲要去找蝴蝶媽媽。請把有關「顏色」的字用線連起來，幫助毛毛蟲找出正確的路線。

答案：

15

下面各毛毛蟲身上都有一個字所代表的跟其他不同類，請把它圈起來。

1. 黑 紅 牀 金 銀

2. 木 飛 游 跑 跳

3. 刀 叉 碗 碟 魚

4. 米 白 菜 麵 果

字裏有字

● 下面花蕊中的字裏都藏着另一些字，試找找看，請你把正確的字填上顏色。

3.

木
二
小 棕
一 宗

1.

一
小 黃 人
廿 由

4.

木
豆 橙 一
田 口

2.

皿
十 藍 日
臣 田

部首識字

● 下面蜜糖罐上的字哪些是屬於「田」部？哪些是屬於「肉」（月）？
請用線把這些字和對應的部首連起來。

男　畫　肌

肚　田部　肉部　臉

腳　留

畜

答案：田部：男、畫、留、畜；
肉部：肚、肌、臉、腳。

18

有趣的字

請在下面的字上加一個筆畫，使它們變成其他字。

答案：大、大、大：太、夫、天　木、木、木（答案可多於此）

19

看圖猜字

猜一猜,下面的圖畫分別代表什麼字?請選出正確的字寫在空格裏。

魚　　羊　　牛

1.

2.

3.

走出字迷宮

● 小青蛙想找小烏龜一起玩。請把有關「動作」的字用線連起來，幫助小青蛙找出正確的路線。

雷	虎	爬	走
金	坐	飛	豚
銀	游	鹿	苗
書	跑	娃	灰
筆	喝	跳	豹
瓶	碗	吃	

答案：

21

找同類的字

● 請在下面每組字中找出與左邊第一個字所指事物同類的字，把它們圈起來。

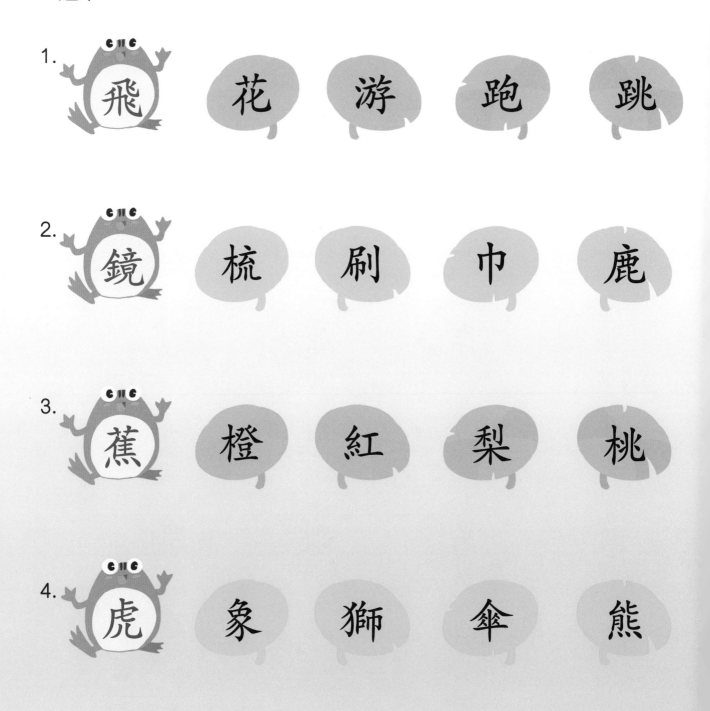

1. 飛　　花　游　跑　跳

2. 鏡　　梳　刷　巾　鹿

3. 蕉　　橙　紅　梨　桃

4. 虎　　象　獅　傘　熊

字裏有字

● 這些烏龜身上的字裏都藏着另一些字，試找找看，請把正確的字填上
顏色。

1. 晴　　目　　十　　月　　日

2. 鼻　　目　　自　　大　　田

3. 頭　　一　　豆　　目　　頁

4. 臉　　大　　口　　人　　月

部首識字

請根據螞蟻身上的部首，在下面的字中找出所屬的部件，並把它們圈起來。

24

有趣的字

請在下面的字上加一個筆畫，使它們變成其他字。

（答案僅供參考）申、田、目、旦：十、千、干、土：案答考參

看圖猜字

下圖中隱藏了八個象形文字，請用線把圖畫和正確的文字連起來。

山　　　　　　田

水　　　　　　土

火　　　　　　木

石　　　　　　雨

答案：

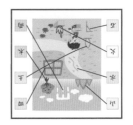

答案：

26

走出字迷宮

小魚兒想游到沉船上去探險。請把有關「日常用品」的字用線連起來，幫助小魚兒找到正確的路線。

衣	褲	棕	梨	灰
醫	鞋	傘	梳	鏡
雀	燕	狐	身	袋
鹿	眉	襪	裙	帽
髮	臉			

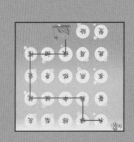

答案：

27

找不同類的字

下面各組中都有一個字所代表的跟其他不同類，請把它填上顏色。

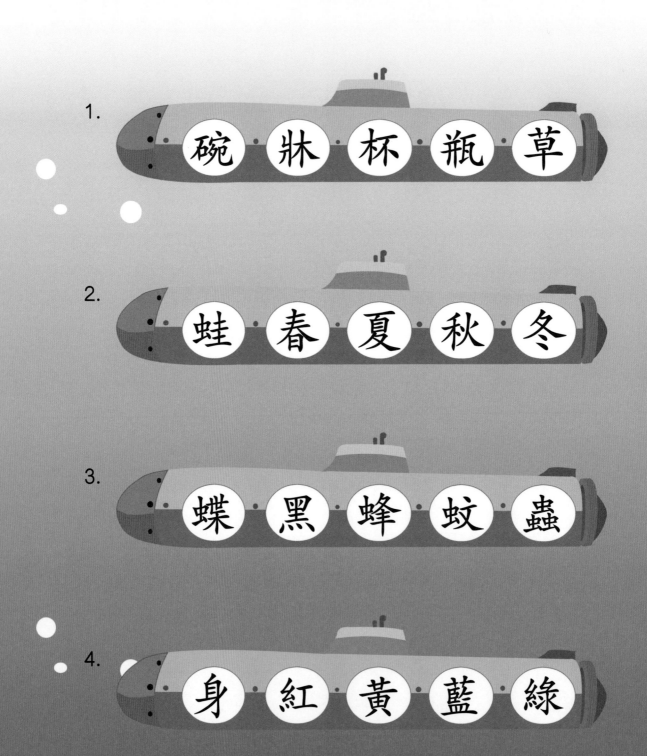

1. 碗 牀 杯 瓶 草

2. 蛙 春 夏 秋 冬

3. 蝶 黑 蜂 蚊 蟲

4. 身 紅 黃 藍 綠

答案：1. 草 2. 蛙 3. 黑 4. 身

部件識字

下面的字是由哪些部件組成的？請把對應的部件圈起來。

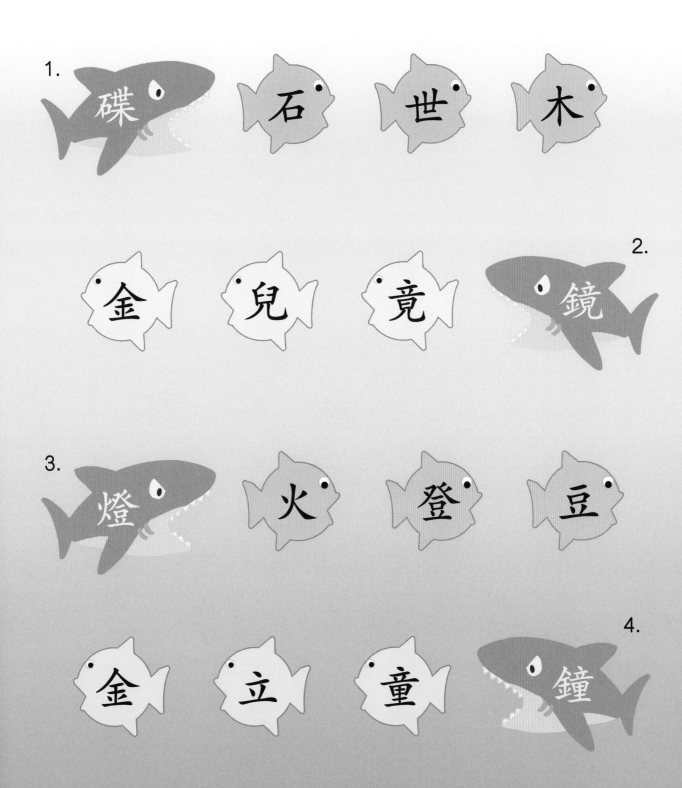

1. 碟　　石　　世　　木
　　金　　兒　　竟　　鏡 2.

3. 燈　　火　　登　　豆
　　金　　立　　童　　鐘 4.

部首識字

● 下面哪些字是屬於「衣」部（衤）？請把它們填上黃色；哪些字是屬於「木」部？請把它們填上綠色。

有趣的字

● 下面貝殼上的字都是左右對稱的，請沿灰線寫一寫。你還認識哪些左右對稱的字？請在空白的貝殼上寫出來。

文字分類遊戲

● 請根據分類指示，把字表中的字填上對應的顏色。

動物：	顏色：	動作：
大自然：	人體：	日常生活：

雨	黃	金	叉	臂	眉	筷	棕	灰	草
湖	銀	紫	腳	舌	牙	髮	藍	黑	雪
地	白	綠	唇	臉	嘴	肚	青	紅	樹
秋	碗	碟	吃	喝	哭	笑	牀	燈	雲
電	球	瓶	坐	站	爬	走	桶	鐘	春
冬	天	夏	飛	游	跑	跳	雷	沙	河
蚊	蝶	蜂	踢	跌	叫	看	豹	雞	羊
鳥	馬	鴿	鷹	車	書	鯊	驢	鹿	龍
豚	鴉	燕	鷗	刀	杯	鱷	狐	貓	猴
鯨	蝦	蟹	褲	匙	鞋	衣	狼	猩	豬

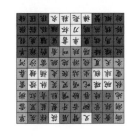

32